U0380728

画说胡萝卜

画说胡萝卜

【日】川城英夫 ● 编文　　【日】石仓裕幸 ● 绘图

胡萝卜是我们每天饭桌上必不可少的食材。
虽然它自己很难成为一道菜肴，
但却经常出现在各式各样的菜品当中，是非常重要的配菜。
日式、西式、中式，无论哪种菜肴、什么味道，
胡萝卜都能搭配得上。
胡萝卜之所以如此百搭，是因为它味甘、性平。
此外，胡萝卜那漂亮的橙色中也可能藏着秘密哦。

中国农业出版社

1 胡萝卜的橙色是健康的颜色

胡萝卜的魅力在于其艳丽且看起来很可口的橙色。
这种橙色不但漂亮，而且功能很强大。
胡萝卜颜色鲜艳，可以装饰菜肴，在炖菜、咖喱、煮菜和拌饭中也是必不可少的。
那么胡萝卜的橙色到底有多强大的功能呢？

橙色是胡萝卜素的颜色

我们吃的胡萝卜主要有两种：一种是大家都熟知的橙色胡萝卜；另外一种是红色胡萝卜。橙色胡萝卜中的色素的主要成分是 β－胡萝卜素。而红色胡萝卜中的色素的主要成分是番茄红素，与西红柿中的色素相同。无论哪种胡萝卜都有益于身体健康。

胡萝卜素

英语中胡萝卜一词是"carrot"，橙色色素"carotin"这个词最早是从"carrot"这个词演变过来的。说到胡萝卜，我们就会想到橙色。同样，说到橙色，一下就想到胡萝卜。橙色色素、胡萝卜素和胡萝卜是密不可分的。

转化成**维生素 A**

胡萝卜中的胡萝卜素大部分能够被人体吸收，转化成维生素 A。维生素 A 可以使我们的黏膜、皮肤和头发保持健康，还有助于牙齿生长。维生素 A 不足会导致夜盲症（到了晚上眼睛看不清楚）。动物肝脏中也有维生素 A，但它们是肝脏本身含有的，而胡萝卜中的胡萝卜素是进入人体内后才转化成维生素 A 的。

胡萝卜素能预防**肺癌**

过去，我们只是注重维生素 A 的功能。现在，我们渐渐了解到胡萝卜素还有预防肺癌的功效。胡萝卜中的胡萝卜素经过足量的油炒将更容易被人体吸收。因此，为了更好地吸收胡萝卜素，最好是把胡萝卜用油炒着吃。

万能的健康蔬菜

胡萝卜富含胡萝卜素和食物纤维。此外，它还含有维生素 B1、维生素 B2、维生素 C、维生素 E 及矿物营养素（钙、钾、磷、铁）等营养均衡的元素，是一种有利于身体健康的蔬菜。胡萝卜中还有含食物纤维的果胶，含量与笋和地瓜相似。

2 胡萝卜、蒲芹人参和人参

一说到胡萝卜，我们就会想到橙色。其实橙色的胡萝卜是在江户时代以后才传到日本的。在这之前，胡萝卜是红色、黄白色和紫色的。最初，中国人因为它是从西部的"胡国"传来的萝卜，所以把它称为"胡萝卜"。作蔬菜类的胡萝卜和欧芹、洋芹菜一样都属于芹科类作物。

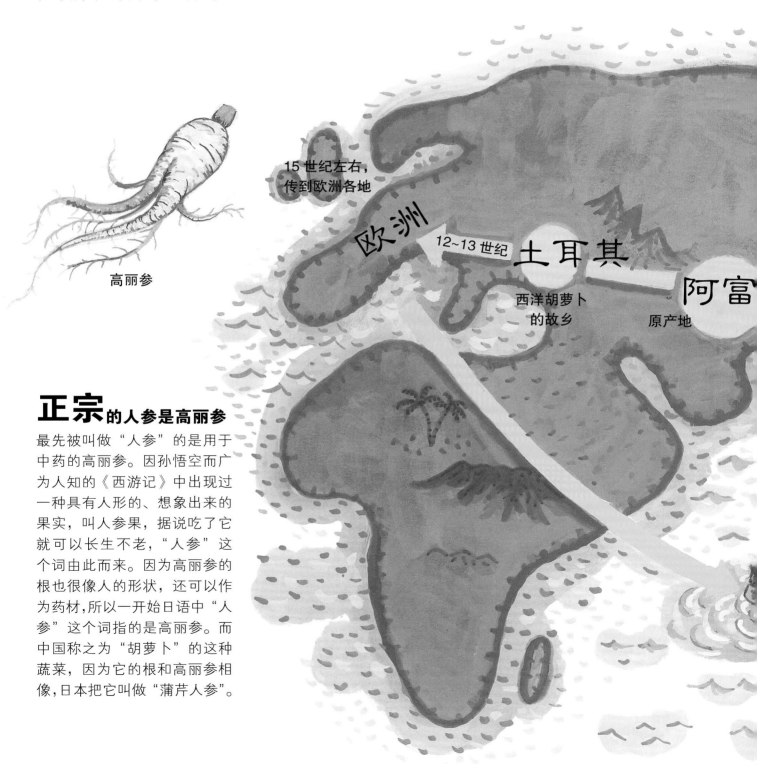

高丽参

15 世纪左右，传到欧洲各地

欧洲

12~13 世纪

土耳其

西洋胡萝卜的故乡

原产地

阿富

正宗的人参是高丽参

最先被叫做"人参"的是用于中药的高丽参。因孙悟空而广为人知的《西游记》中出现过一种具有人形的、想象出来的果实，叫人参果，据说吃了它就可以长生不老，"人参"这个词由此而来。因为高丽参的根也很像人的形状，还可以作为药材，所以一开始日语中"人参"这个词指的是高丽参。而中国称之为"胡萝卜"的这种蔬菜，因为它的根和高丽参相像，日本把它叫做"蒲芹人参"。

红色 胡萝卜起源于东方，橙色胡萝卜起源于西方

胡萝卜的原产地主要是在阿富汗的山岳地带、兴都库什山脉附近。从这里传到欧洲的是西洋胡萝卜，传到中国的是东洋胡萝卜。古代的胡萝卜除了有白色、黄色和红色以外，还有紫色的。橙色的胡萝卜是由黄色的胡萝卜基因突变得来的，最先出现在17世纪的荷兰。

即使在 古代，胡萝卜也是健康蔬菜

从古至今，胡萝卜一直被认为是对健康有益的蔬菜。古代的书中提到胡萝卜有"通气、补气、调理五脏、增加食欲"（平心静气、补充必需营养、调理内脏、增加食欲）等功效。另外，日本江户时代的人们通常将其烘烤用来止咳；将胡萝卜叶子和冰糖放在一起煮水喝，用来治疗浮肿。

东洋胡萝卜

13~14 世纪

中国

16~17 世纪

日本

19 世纪

西洋胡萝卜

根须的生长方式

胡萝卜的根须是朝四个方向生长的，一直到着根须，大家知道为什么分部长着根须，大家知道为什么是这样吗？一会儿让我们一起看一下第28页的内容吧。

3 胡萝卜的茎到底在哪呢？

像萝卜、胡萝卜这样主要吃根部的蔬菜，我们叫它们"根菜"。同样是根菜，根的胖瘦也有所不同。萝卜是叫木质部的地方，也就是根的中间部分比较粗，而胡萝卜是叫韧皮部的地方较粗。如果竖着切开的话，哪个部分比较粗一下子就能看出来哦。

根的哪部分比较粗呢？

胡萝卜是韧皮部粗，萝卜是木质部粗，以利于开花和留种。

根的内部观察

韧皮部和木质部的体积与颜色，还有它们之间的形成层的厚度是什么样的？体积内侧的木质部比韧皮部小，颜色较浅。这方面根据品种不同而有所差异。最近，五寸胡萝卜经过改良后，木质部的颜色变深，形成层的宽度变窄，整体上来讲颜色偏红色了。

绿色叶子是用来装饰贵妇人头发的

因为胡萝卜的叶子是细长的，一簇簇的，很美，所以在英国伊丽莎白时代，贵妇人们之间流行用胡萝卜的叶子而不是鸟的羽毛来装饰头发，并把这看做时尚。

英国

人类们？

Lovely!

茎

大家知道胡萝卜的茎到底长在什么地方吗？我们一起来看一下第 28 页的实验，试着查一下茎的位置。

韧皮部

木质部

形成层

4 胡萝卜耐寒抗旱的秘密就在于它的故乡

胡萝卜是一种耐寒抗旱的农作物，这是因为它的出生地（原产地）是在又冷又干燥的山岳地带。有种子的果实，表面有刺毛，轻易不会发芽，只有条件适当时才发芽，这也许是在恶劣环境下的一种自我保护措施吧。栽培胡萝卜并不难，但前提是要把握好播种时间和让它们健康发芽。并且，就算是在冬天，我们也能在田里随时采收并吃到新鲜的胡萝卜。

胡萝卜与土耳其高原
的水土

据说原产地的气候和水土能够决定当地农作物的性质。欧洲的胡萝卜生长在土耳其的安纳托利亚高原上。那里气候寒冷，冬天会有很厚的积雪，降雨量虽少，但普遍是矿物营养素丰富的碱性土壤。在这样的气候和水土条件下生长出来的胡萝卜很难在酸性土壤（pH5.3 以下）种植。种胡萝卜时施加的肥料稍多也不要紧，但就怕湿气太大。胡萝卜的根非常耐寒，即使在雪下也可以平安过冬。

雪下的胡萝卜

在地里生长的胡萝卜，一般来说到了冬天，它的叶子和茎因遭霜打会慢慢变得枯萎，但它的根会在雪中慢慢地长大。在降雪量很大的地区，厚厚的积雪反而更有利于胡萝卜御寒。而且，在雪下越冬的胡萝卜味道更加香甜。

虽值寒冬**腊月**，花朵却依然绽放

胡萝卜在冬天寒冷之际依然会长出花芽（之后会开花的芽）。春天到来时，花茎也开始生长，花也随之开放。如果不整理枝干，任其生长，5万~15万枝花会在40天之内交替竞相开放。有种子的花是两性花，既有雄蕊又有雌蕊。当然也有没有种子的花。种子在初夏时会结成果实。

很难**发芽**的胡萝卜

胡萝卜的种子很难发芽。这可能是因为若让它自然开花的话，未受精的种子和未成熟的种子就会混入其中。因此，为了获得容易发芽、品质好的种子，我们就要采取措施摘掉多余的枝条，减少花的数量（详见第29页）。另外，选取的种子（实际上是果实）上长着刺毛，刺毛含有抑制发芽的物质。一般市面上出售的种子是不带刺毛的。另外，由于蔬菜的种类不同，一般种子不能在水里发芽，但是胡萝卜的种子却可以，大家可以亲自实验一下哦。

5 橙、红、黄、白，颜色各异、大小不同的胡萝卜（品种介绍）

常见的橙色胡萝卜长 20 厘米左右，此外还有小胡萝卜、长胡萝卜、形状像芜菁的胡萝卜、根部长度超过 50 厘米的胡萝卜。长度在 20 厘米以下的属于短根类。而且，胡萝卜的颜色也不只有橙色一种，世界上有白色和黄色胡萝卜，甚至还有紫色胡萝卜哦。

5 寸胡萝卜

这是用尺贯法（日本传统的度量衡制）来量取时的说法。1 寸是 3.03 厘米。5 寸胡萝卜的根长 15~20 厘米。

与 5 寸接近的还有 3 寸、4 寸胡萝卜。越是短的胡萝卜越早熟，可以早些收获。3 寸、4 寸胡萝卜主要是春种夏收，但是没有 5 寸的产量大。现在一般只种 5 寸胡萝卜。

金时胡萝卜

这种胡萝卜的根是鲜艳的红色，长达 30 厘米左右。根部所含的色素和西红柿、西瓜中的相同，以番茄红素为主，但也有大量的胡萝卜素。它性温味甘，具有独特的香味。

泷野川胡萝卜

它和金时胡萝卜一样，是从古代便开始栽培的东洋胡萝卜。它的根可长达 70 厘米。

从**世界范围**来看

胡萝卜在世界范围内被广泛种植。大多数品种一般都含有大量 β – 胡萝卜素，颜色为深橙色，长度为 20 厘米左右或者稍长些。欧洲和澳大利亚种植的品种以南特胡萝卜为主，在美国是以水果胡萝卜为主，东南亚和南美种的则是和日本相同的品种。南特胡萝卜的根是类似于香肠的圆柱形，所以烹饪和加工时比较简单。这种胡萝卜长短差别比较大，小的特别小，大的比 5 寸胡萝卜还要长。水果胡萝卜的根长达 25 厘米左右，花蕊的颜色很漂亮，并且容易存放。在饭店常见的袖珍胡萝卜是从这个长胡萝卜中挖出来做的。日本的 5 寸胡萝卜即使是在高温和湿度大的境况下，也很少生病。

野生胡萝卜
它来自于胡萝卜的故乡，我们称之为阿富汗野生胡萝卜。它的根很细，颜色是白色的。

迷你胡萝卜
大约 10 厘米长，人们一般喜欢生吃它。没有独特的气味，甘甜，可以用来为沙拉调色，也可以用水焯一下，做成腌制品。此外，也有像小芜菁一样的圆形胡萝卜。

胡萝卜的花
小花朵一簇簇聚在一起竞相开放。20~70 朵单花瓣聚在一起形成小花伞，10~150 个小花伞聚在一起会形成如图所示的大花伞。

带毛　　　　去毛

裸种子
所谓的种子实际上是果实。果实是由果皮和种子组成的。果皮表面长着刺毛，在种子完全成熟之前，刺毛中会含有很多抑制发芽的物质，因此，发芽会变得很困难。市场上出售的种子都是去掉刺毛的。

岛胡萝卜
岛胡萝卜的根长 30~40 厘米，呈细长形。根中色素虽以番茄红素为主，但量很少，因此，它的根是黄色的。味甜，可以煮着或炒着吃。

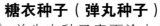

糖衣种子（弹丸种子）
首先在种子表面涂上杀菌剂和养分等，然后用黏土等物质把它包裹成像药丸一样，这就是糖衣种子。运用机械可以准确地播种，既减少了间苗劳动，又节约了种子。照片显示的是种子发芽的时候。

6 播种时间很重要！不要太早，也不要太晚哦（栽培日历）

8月5日左右是日本关东地区[注1]的播种时间，胡萝卜虽然可以不以这个时间为准，但是在合适的时间播种既省时省力，又能有好的收成。

大家也可以通过改变播种的时间来做个有趣的实验哦。

| 成长 | 收获 | 越冬贮藏 |

九州以南[注2]　　　　　播种　　　成长！　　　收获

本州·四国[注3]　播种　　　成长！　　　　　　收获

如果地干了，浇点水

播种
例如8月5日

间苗
9月12~19日

收获
12月上旬

发芽
8月12~15日

为了排水和预防"青脖子"
病而10月上旬

为了御寒而培土
12月20日前后

| 7月 | 8月 | 9月 | 10月 | 11月 | 12月 |

为了御寒培土
5~10厘米

间苗期间
把下胚轴埋入土中，根和茎才能很好地长出来。

为了排水和预防"青脖子"病而培土
使通路的土轻轻地向根部靠拢，在通路形成一条水沟，下雨的时候变成排水沟。

⋯⋯ **下胚轴**
胡萝卜发的芽。
这就是下胚轴（也请参考第28页内容）

* 注1：日本关东地区通常指本州以东京、横滨为中心的地区，位于日本列岛中央，为政治、经济、文化中心。* 注2：日本九州地区位于日本西南部，包括九州岛和周围1 400个岛屿。气候高温多雨，南部和冲绳属亚热带气候。* 注3：日本本州是日本最大岛，位于日本中部，大部为温带海洋性季风气候，初夏有梅雨，秋季多台风。四国岛位于本州西南，九州东北。

根据播种时间的不同，植物的生长也不一样

日本关东地区……在8月上旬（8月5日前后）播种的话，胡萝卜容易栽培，且形状整齐，味道鲜美。播种时间早（7月25日之前）就容易导致疾病和根瘤；播种时间晚（8月15日之后）的话，胡萝卜的根部还没生长完全，天气就变冷了，所以很难长大。

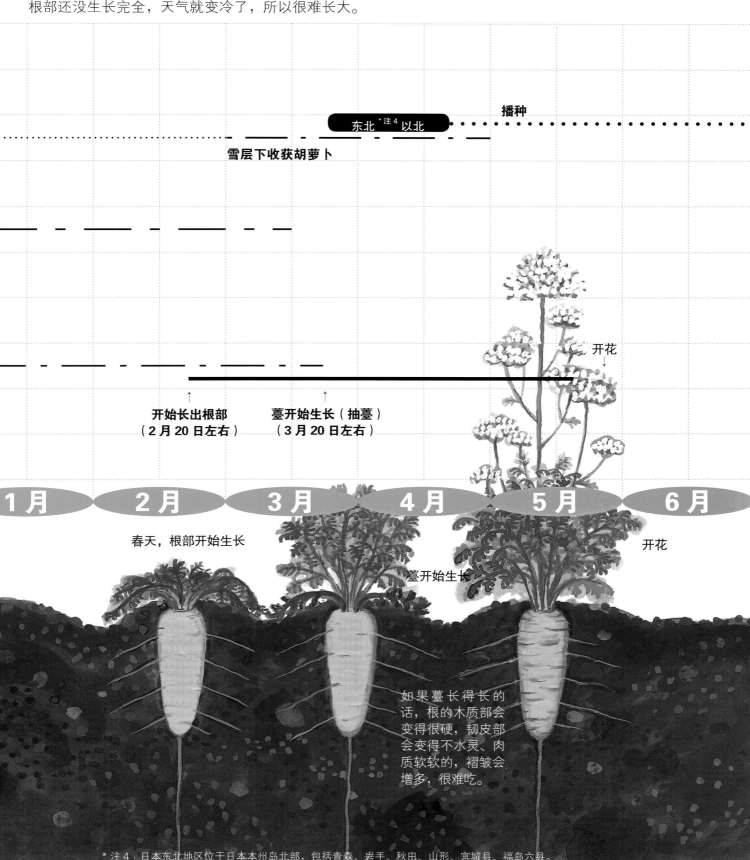

播种

东北 *注4 以北

雪层下收获胡萝卜

开花

开始长出根部
（2月20日左右）

薹开始生长（抽薹）
（3月20日左右）

1月　　2月　　3月　　4月　　5月　　6月

春天，根部开始生长

薹开始生长

开花

如果薹长得长的话，根的木质部会变得很硬，韧皮部会变得不水灵、肉质软软的，褶皱会增多，很难吃。

* 注4：日本东北地区位于日本本州岛北部，包括青森、岩手、秋田、山形、宫城县、福岛六县。

7 如果发芽的话就代表成功了一半哦

带有刺毛的种子都很难发芽，所以一般要先将刺毛去掉后再播种。

在播种之前，没有必要浸泡种子。如果发芽成功，标志着你已经成功了一半。

接着，除杂草、浇水、间苗，只需等待根部变粗。

在胡萝卜地的周围种上薄荷来驱虫更有效哦。

那么，让我们一起动手去实现橙色的梦想吧！

土壤

黏土质和坚硬的土地不利于根部的生长，应该避免在这样的土地播种。另外，酸性强的土壤也不适宜，最好在 pH5.5~6.5 的土壤中播种。在不了解土壤酸度的时候，耕种前要在每平方米土地中播撒 150 克镁石灰。

基肥

肥料只用最初掺进土壤中的基肥就可以。除了像熟透的堆肥、泥炭藓、鸡粪、油渣（豆饼）等有机肥料外，还可以施一点儿慢慢发挥作用的慢性肥料（氰化肥和 IB 化肥等）。施肥的氮成分含量约为每平方米 20 克。施肥量大体掌握如下：掺有油渣（豆饼）等的有机混合肥料每平方米施 100 克，慢性肥料（缓效肥）每平方米施 80~100 克。

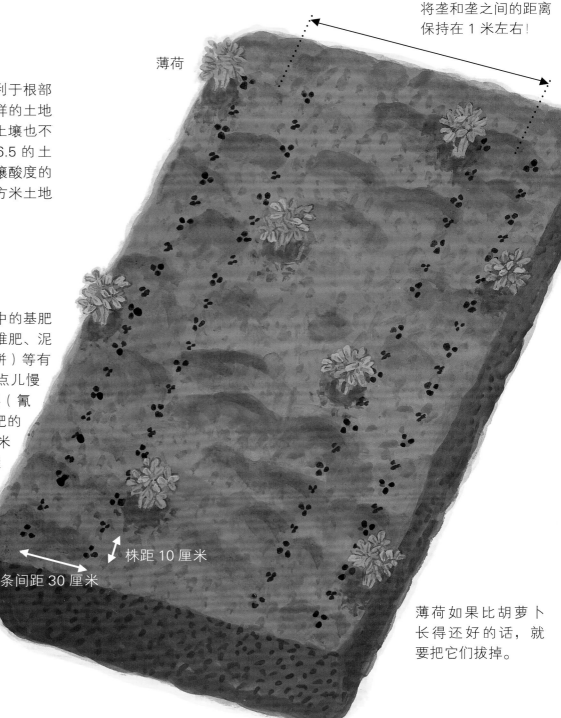

将垄和垄之间的距离保持在 1 米左右！

薄荷

株距 10 厘米

条间距 30 厘米

薄荷如果比胡萝卜长得还好的话，就要把它们拔掉。

用 3 根手指挖坑，
1 个坑里播种 2 粒种子！

胡萝卜

土地管理

在播种的前一周给田里施镁石灰和肥料，事先趟出大约 20 厘米深的垄。为避免胡萝卜畸形，要除掉硬土块和乱石。在平整的田地上，垄距为 1 米，垄长大约 2 米，每条垄中要播撒两趟种子（2 条）。株距 10 厘米，条间距 30 厘米。这样一来，一垄地中可以收获 36~40 根均重 150 克的胡萝卜。生长顺利的话，胡萝卜还可能长到每根重 300 克。条件允许的话，可以尝试种两垄左右。

播种

在播种的地方，先用 3 根手指在土壤上开 3 个直径 1~1.5 厘米的洞，然后在每个洞里放入 2 粒种子，再用土盖上，用手掌将土压实，最后浇足量的水。这就是一棵胡萝卜的播种过程。以后间苗时，从发芽的种子当中选出一棵苗留下。同样，株距要保持在 10 厘米左右。

浇水和防虫

在种子发芽前，如果地变干，就需要浇水。每平方米的地里每次浇 20 升水，3~5 天浇一次。夏天播种的话，7~10 天就会发芽。发芽后，一星期要浇一次水。如果发现有杂草，马上就得拔除。另外，为了驱虫，可以在地的四周种上薄荷。种薄荷的时候，为了避免挡光，要在离胡萝卜 20 厘米以外的地方种植。采摘后，用薄荷和胡萝卜做沙拉的话，味道也会很不错哦。

8 间苗时，要留下"中上等"的一棵

发芽后 35~40 天，会长出 4~5 枚真叶，这时要间苗，只留下一棵苗，剩下的都拔掉。
要拔掉的苗是那些叶子遭病虫害的、长得太好的或长得太差的苗。
叶子长得太好的话，往往容易产生多个根，即有很多分根。
最好是田里的胡萝卜都长得差不多，中不溜的就行。
当然，长出的杂草要及时清除。

皮脱掉了！

长得太好不行！

长得不好也不行！

留下那些差不多大、长势还可以的苗！

间苗 只需一次

在决定好一个地方该留下哪株苗后，要将其余的苗拔掉。留下的那株需要用土将其根部固定住。

拔掉 哪一棵 呢

需要拔掉像图中那样的苗。长得太好或太差都不行，保持中上等水平是最好的。

皮 脱落后，根会变粗

选出间苗前后的苗进行观察，会发现开始变粗的根上的皮好像要脱落似的。这是因为根变粗时，要脱掉最初的表皮才行。在这之后，根开始不断地变粗。

间苗 获得的叶子可以吃哦

间苗获得的嫩叶不但柔软，而且味道好。你可以尝试油炒等做法。

培土

完成播种 50~60 天后（真叶长出 10 片左右时），按照如图所示那样培土。如果不这样做的话，随着根变大，土会变得松散，胡萝卜的上面部分会变成绿色，俗称"青脖子"胡萝卜。培土时将苗的两边的通道挖开，将土聚集在根部周围，而不至于将根部埋在里面。

9 采收时，要揪住叶子一下子拔起来！

播种后两个月，胡萝卜的根部会飞速地成长，颜色趋近于鲜艳的橙色。
收获期是在播种后 110~120 天。首先，试着拔出一根胡萝卜，看看发育到什么程度。胡萝卜只要种在地里，就可以一直保持新鲜，直到春天。因此，最好是吃多少，就从地里拔多少。没有必要一下子全部采收。

采收期的推算

一般来说，在播种后的第60~120 天是胡萝卜根部最丰满的时期。到 110 天就可以开始采收。另外，胡萝卜素在播种后的第二个月开始不断地增多。这一时期的气温在 15~21 摄氏度时，胡萝卜素的含量会增加，最后变成深橙色的胡萝卜。我们要观察播种后的天数、平均气温、叶子状况等，抓住收获的最佳时机。拔出一根，若胡萝卜果实丰满颜色鲜艳，那就是成功了。之后，在春天来之前随时可以采收。

采收方式

可以连叶子一起拔出来。采收胡萝卜真的很有趣。

贮存方法

最好是要吃的时候再去挖，这样能一直吃到最新鲜的胡萝卜。如果采收后想储存起来，最好是将储存温度保持在 1 摄氏度左右，将胡萝卜放入塑料袋等包装袋中，还要保持很高的湿度。如果用冰箱储存的话，还是放在冷藏室比较好。冬天的话，可以将其埋到地里进行保存，地下是天然的储存室。

在**地里**保存

没有采收的胡萝卜可以原封不动地放到地里，叶子受寒会枯萎，但是根部在 12 月到次年 3 月这段时间内仍会保持新鲜。另外，如果在 2 月份以后采收的话，在头年 12 月中下旬，要在根的上部处把土堆到 5~10 厘米高，这样做可以御寒。在一些土会冻住的地方，很难挖出来，所以可以将收获的胡萝卜埋到土里进行贮藏。到了 3 月份，胡萝卜长出新的叶子，或者长出白色的根的话，味道就会变差。

在不同的时间播种，胡萝卜会有不同的**形状**哦

如果改变播种时间，长出的胡萝卜的形状也会不同。日本关东地区理想的播种时期是 8 月 5 日左右，这一时期的胡萝卜很丰满，形状也都很整齐。如果播种时间早了，形状会变得参差不齐；如果晚了，整根胡萝卜就会变得很细。

10 利用塑料瓶来观察根部的生长状况

果实长在枝干上的作物，可以很容易观察出果实的丰满程度。而胡萝卜的果实是根部，长在地下，所以很难观察到胡萝卜的生长情况。因此，我们想了些办法，利用塑料瓶来观察根部的生长状况。塑料瓶里装上土，在顶端撒上种子，这样就可以观察胡萝卜根部的生长情况了。当然，采收也很简单。盆栽的时候，你也可以参考这种方法哦。

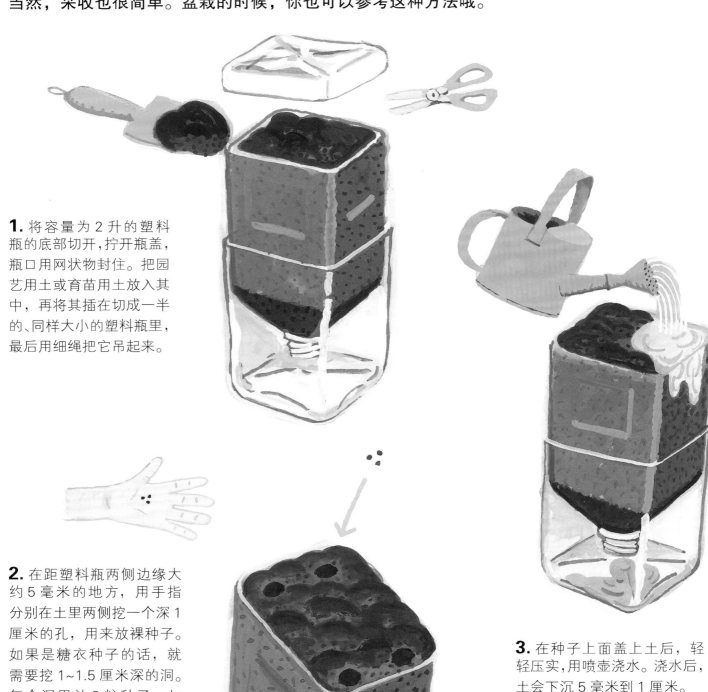

1. 将容量为 2 升的塑料瓶的底部切开，拧开瓶盖，瓶口用网状物封住。把园艺用土或育苗用土放入其中，再将其插在切成一半的、同样大小的塑料瓶里，最后用细绳把它吊起来。

2. 在距塑料瓶两侧边缘大约 5 毫米的地方，用手指分别在土里两侧挖一个深 1 厘米的孔，用来放裸种子。如果是糖衣种子的话，就需要挖 1~1.5 厘米深的洞。每个洞里放 3 粒种子。如果要培育 2 棵，洞与洞之间的距离保持在 2 厘米左右；培育 4 棵时，洞与洞之间要再拉开些距离。

3. 在种子上面盖上土后，轻轻压实，用喷壶浇水。浇水后，土会下沉 5 毫米到 1 厘米。

4. 所有的种子都发芽、长出子叶后，间苗时在每个洞中只留下 1 棵苗（总共 4 棵）。此时留下的是长得最好的。每 5~7 天浇水一次，如果土变干了，就浇 150~200 毫升的水。

每 200 毫升的水里放入 1 毫升液肥。

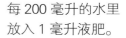

5. 播种后大约 1 个月，把肥料稀释后施加给胡萝卜。含氮 5%、磷酸 10%、钾 5% 的液肥（花肥）要稀释 200 倍，每 5~7 天 给 胡 萝 卜 施 肥 150~200 毫升。

6. 如果塑料瓶里总共要种 2 棵胡萝卜，当叶子长到 4~5 片时，可以间苗，在塑料瓶两侧各保留 1 棵。如果是种 4 棵的话，那就不需要间苗。间苗后为防止塑料瓶内侧产生藓苔等，最好用黑色的塑料袋把塑料瓶包上。

7. 真 叶 长 出 10 片后，会吸收大量水分，所以每 2~3 天要 施 200 毫 升 的 液肥（稀释 200 倍）。

8. 让我们试着偶尔摘掉外面黑色的塑料袋进行观察。根在土里的生长状态一目了然，非常有意思。我们可以观察一下，塑料瓶两侧各 1 棵、共种 2 棵的情况，还有塑料瓶里种 4 棵的情况，在生长方面有哪些不同呢？

11 根长成畸形了！保护好你的胡萝卜！
（生理障碍和病虫害）

土地肥沃加上细心照料，种胡萝卜也并不是一件难事。但是，有时候最重要的根部会裂开，有时会变得硬邦邦，根的上部也会变绿。为什么会出现这样的问题呢？

当然啦，根部裂开、变绿了也能吃，但是大家既然花费了气力来种，当然想尽可能种出样子好看、漂亮的胡萝卜吧。

到底怎样做才能种出好看的胡萝卜呢？

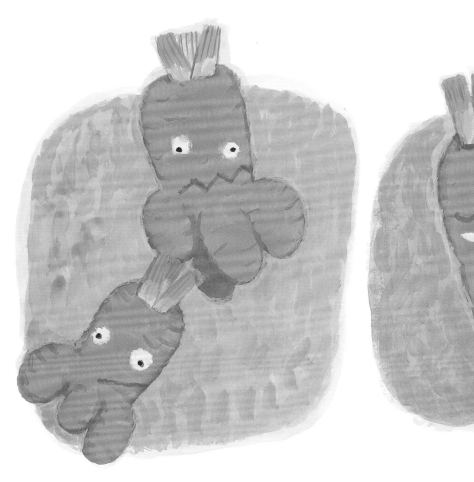

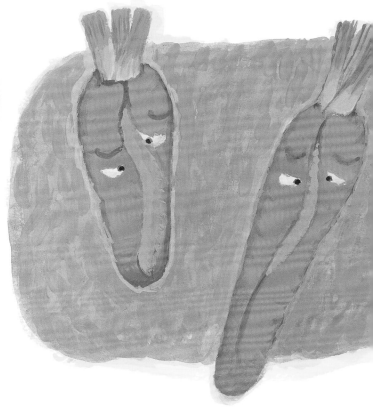

歧根

歧根是指主根产生的很多分根。根部一旦生长受阻，为了弥补受阻的根，就会又长出其他根，这就是根变粗的原因。

裂根

我们把根部开裂叫做裂根。采收后裂根的胡萝卜是含有水分、水灵灵的。在地里裂根的胡萝卜主要是由于花蕊部分（木质部）生长太快，而果实部分（韧皮部）生长速度却赶不上而导致的。这种胡萝卜也可以吃。

害虫

胡萝卜上经常出现蚜虫、甘蓝夜盗虫、金凤蝶的幼虫等。对付蚜虫，可以用薄荷将其赶走。至于个头大的害虫，可以用手或镊子等将其捕捉除掉。

黑斑病

叶子和叶柄上长有褐色或黑褐色的斑点，斑点逐渐变大，整个叶子像被火烤过一样黑并卷曲起来。这样的话不利于根的生长。

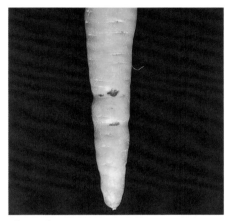

腐烂病

主要是由土壤中繁殖的根腐菌引起的。根的表面长有米粒大小的小坑（类似于被水浸过的样子），有褐色的斑点，中央部分还会出现纵向裂缝。根全部腐烂，这是胡萝卜最害怕得的一种病。

"青脖子"病

随着根部不断生长，它会略微长出地面，地面也随之裂开。然而，当胡萝卜的根部接受到光线后，就会合成叶绿素，变成绿色。我们叫它"青脖子"病。虽然不影响食用，但是在市场上不怎么受欢迎。

←根瘤

根瘤病

根部长有像小米粒一样的瘤子，瘤子中含有很多雌性成虫。情况严重时，会产生歧根或根部不会再生长，最后变成短根。

12 甘甜可口，让你垂涎三尺！

无论怎么说，刚采收的新鲜胡萝卜生吃的话口感很棒。
让我们一起品尝胡萝卜的甘甜、香脆。迷你胡萝卜的叶子可以起到装饰的作用，
为沙拉增添绚丽的色彩。下面给大家介绍几个生吃胡萝卜的简单菜谱。试着
用自己种的胡萝卜制作出美味的沙拉吧。

胡萝卜条

材料：一根大胡萝卜（300克）、白芝麻两大匙、蛋黄酱三大匙、盐和胡椒各少许。

做法：①将胡萝卜切成宽5毫米至1厘米的长条，放入水中。②先将芝麻放入研钵研碎，然后放入蛋黄酱、盐、胡椒进行搅拌。③在透明的玻璃杯里面装上水，将胡萝卜条竖着放到玻璃杯里面。可以蘸着芝麻蛋黄酱吃。

胡萝卜沙拉……1

材料：胡萝卜两根、盐少许、蛋黄酱和芥末各一小匙、色拉油和醋各一大匙半、胡椒少许。

做法：①将胡萝卜用萝卜泥器（奶酪器等）擦成细丝，或者将其切成细丝状，然后撒上盐，放置一段时间。②等待胡萝卜变软，加入蛋黄酱、芥末、色拉油、醋，再用盐和胡椒进行调味。入味后，便做成了。

柠檬胡萝卜

它给人西式凉拌菜的感觉，味道很清淡，开胃。

材料：一根大胡萝卜（300克）、生菜8片、小半匙盐、柠檬一个（一半做汁用、一半做装饰用）。

做法：①将胡萝卜切成5厘米长的细条，撒上盐后，放置10分钟。②等待胡萝卜变软，拧干其中的水分，倒入柠檬汁。③将生菜垫到容器底部，然后把步骤②中的胡萝卜和切成薄圆片的柠檬一起盛到碗里。

胡萝卜沙拉⋯⋯2

材料：胡萝卜两根、葡萄干20克、法式色拉调味汁

做法：①用开水涨发葡萄干。②将胡萝卜切成细丝状，和葡萄干混在一起，最后浇上法式色拉调味汁搅拌。

会破坏**维生素C**？

胡萝卜虽然是一种健康蔬菜，但它也存在缺点，那就是它含有大量破坏维生素C的酶。因此，当它与白萝卜一起做成红白萝卜泥时，它的酶就会破坏白萝卜中的维生素C。但是，平时吃的量比较少，所以不必担心。酶很怕热，虽说平时吃的都是生的胡萝卜，但也不会破坏掉体内的维生素C哦。

13 这样的话，就连讨厌胡萝卜的人也能接受了

在制作烤饼和烤面包时，加入一些研碎的胡萝卜当作烤饼和面包的配料，这样一来做成的点心既简单，又营养。

如果用这种烹饪方法，即便是讨厌胡萝卜的人也会吃得津津有味吧！

胡萝卜汤

材料（4 人份）：一根大胡萝卜（300 克）、大个洋葱半个、黄油（或者人造黄油）50 克、一小匙砂糖、汤（一包固体的汤原料、6 杯水）、大米 30 克或者米饭 70 克、盐、胡萝卜叶（如果没有荷兰芹也可以）

做法：①将胡萝卜、洋葱切成薄片，放入较厚的锅中，加入黄油、盐、砂糖，用小火焖 10~15 分钟，直至胡萝卜和洋葱变软。②等待锅中原料熔化后，再倒入适量的水，将洗好的大米或者是米饭放入锅中煮。煮 15~20 分钟，等大米变软后，用筛网过滤，然后放入食品搅拌器搅拌。③将过滤好的原料放回到锅中，打开火，放入少量盐调味。④将做好的汤盛入容器中，再把用水焯好的胡萝卜叶切碎，撒在上面会让汤变得很漂亮。

炸胡萝卜

材料：适量的胡萝卜和面粉、少量牛奶和盐。

做法：①将少量牛奶加到研碎的胡萝卜中，再一点点往里面加入少许面粉，和成面团。②用擀面杖将和好的面团擀成细长状。③撒面粉，尽可能擀细，然后用菜刀切成 2 厘米 ×4 厘米大小，用少许油慢慢炸。可以适当加一些盐和芝麻。

胡萝卜果冻

材料（4~5 人份）：一棵大胡萝卜（250 克）、粉状明胶 25 克、砂糖 150~180 克、2.5 杯水、柠檬汁 50 毫升、三大匙 100% 鲜橘汁

做法：①将粉状明胶倒进半杯水中浸泡，通过水蒸气加热使其熔化。②将胡萝卜切成薄片浸入水中。③用水焯到柔软后，去除其中的水分，再倒入砂糖和 2 杯水进行搅拌。④搅拌后，倒入碗中，混入鲜橘汁、柠檬汁，最后放入熔化了的明胶进行搅拌（最好使用打蛋器）。⑤将其固定成型，再放入冰箱中冰镇固定（大约 3 小时）。搭配打成泡沫状的生奶油，不但外形漂亮，而且变得更好吃。

胡萝卜蛋糕

材料：一根中等大小的胡萝卜（150 克）、鸡蛋 3 个、砂糖 120 克、全麦粉 120~150 克、一大匙发酵粉、玉米淀粉 30 克、黄油 60 克、肉桂少许、两大匙柠檬汁

做法：①研碎胡萝卜，然后浇上柠檬汁。②打入 3 个鸡蛋蛋清，搅拌直至泡沫产生，加入四分之三（90 克）砂糖，会产生更多泡沫。③先将 3 个鸡蛋蛋黄和剩下的砂糖混合，然后再与刚刚的蛋清调配在一起。④将全麦粉、发酵粉、玉米淀粉、肉桂混合在一起过筛子，再加入到步骤③的成品中搅拌至无水分状态。最后将熔化的黄油、研碎的胡萝卜也一同加进来搅拌。⑤按照点心的形状，在 160 摄氏度的烤箱中烤上 40 分钟左右。要是将其放入铝箔中，只需 20 分钟左右就可以完成。

14 胡萝卜的茎去哪了？让花开放，获得种子！

你知道胡萝卜的茎长在哪里吗？为了研究哪里是茎、哪里是根，在长出子叶时，可以在下胚轴处用万能笔标上记号。到底茎在哪里呢？另外，胡萝卜的根须（侧根）到底是如何生长的呢？市场上出售的胡萝卜往往没有根须，如果是自己栽培的胡萝卜的话，可以观察一下哦。

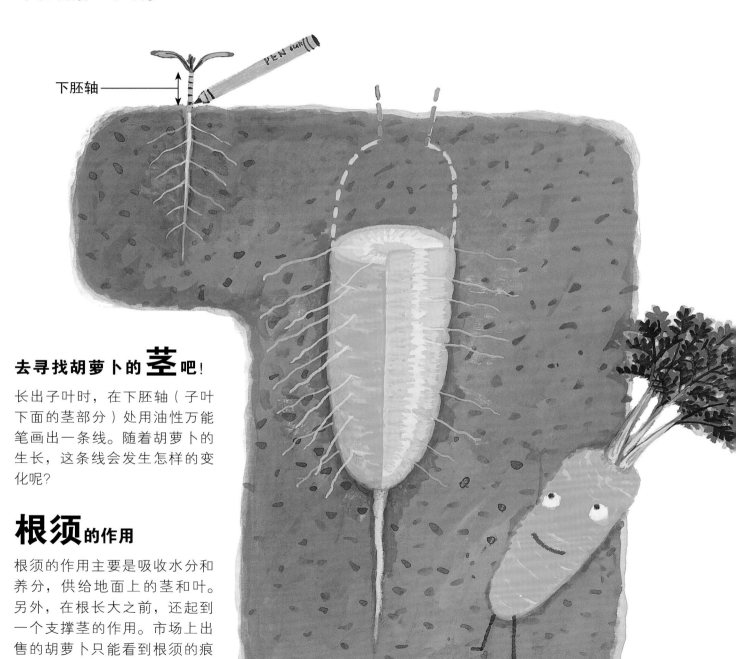

下胚轴

去寻找胡萝卜的**茎**吧！

长出子叶时，在下胚轴（子叶下面的茎部分）处用油性万能笔画出一条线。随着胡萝卜的生长，这条线会发生怎样的变化呢？

根须的作用

根须的作用主要是吸收水分和养分，供给地面上的茎和叶。另外，在根长大之前，还起到一个支撑茎的作用。市场上出售的胡萝卜只能看到根须的痕迹，但你自己可以小心地挖开周围的土，用水冲洗，试着把带有根须的胡萝卜挖出来。根须有颜色吗？根须是在哪些地方、怎样长出来的呢？

主茎长到 50 厘米时，就要摘掉它的尖端

从长在小枝条尖端的花中获得种子

小分枝要全部摘掉

主茎

为了获得**种子**而修剪枝条

茎（花茎）上会先开花，然后陆续长出分枝。如果什么都不做的话，枝条会变得很多，花的数量也会剧增，这样就很难获得好种子。因此，为了获得能发芽的好种子，就得对枝条进行修剪。夏天播种的胡萝卜到了第二年的 3 月份开始抽薹。因为主茎（最先开始伸展很粗的茎）会分出小枝条，小枝条又会分出小分枝，所以需要摘除小分枝（从 4 月下旬到 5 月上旬）。而且每一株上面要留下 8~12 个小枝条，其余的都摘除。为了获得好种子，在 4 月上旬主茎长到 50 厘米时，可以摘掉茎的尖端。这样一来，在 6 月中旬到下旬期间就可以获得种子，晴天时将种子撒在草席和布上面，使其在太阳光下暴晒。干燥后的种子可以作为当年夏天播撒的种子使用。市场上出售的种子通常都是去年夏天经过干燥、低温储藏后保存下来的。罐装的种子，在保持密封的情况下，可以保存 2~3 年。

让我们一起观察**胡萝卜花**吧!

胡萝卜的花通常是许许多多的小花一簇簇聚在一起开放。最初看不到雌蕊，但后来会出现。那么花是以什么样的顺序开放的呢？雌蕊、雄蕊是如何变化的？让我们一起观察吧！

15 橙色一直是健康餐桌上必不可少的颜色

现在，要说餐桌上必不可少的蔬菜，那当然是胡萝卜。为了每天都能将美味且漂亮的胡萝卜送到餐桌上，胡萝卜产地的人在做着不同的努力。胡萝卜不但可以装饰菜肴，还对健康有好处。今后，胡萝卜也会给世界餐桌增添色彩！

随时可以吃的胡萝卜

胡萝卜全年都会被摆在商店里卖。这是因为从北方到南方，只要错开时间都能栽培胡萝卜。从春天到初夏采收的胡萝卜是冬天在暖和的地方用塑料大棚栽培出来的。然而，一般的品种若冬天种植，春天到初夏期间采收的话，冬天的低温会导致提前抽薹。一旦抽薹，胡萝卜的芯就会变得很硬。因此，我们通过开发新品种，解决了这样的问题。新品种在冬天低温的情况下，既不抽薹也不开花。

未来的胡萝卜

要想培植一种蔬菜，就要听取很多方面的意见。例如，对于农户来说，好的胡萝卜品种最好是大小、粗细、颜色、味道等都不错而且产量还很高的；为便于机械作业，最好是根部结实，受到撞击也不会开裂的；此外就是不易生病的品种。而从消费者的角度来看，胡萝卜最好是外表和里面都呈红色，上下一样粗，容易清洗，外皮光滑。因为人们不喜欢"青脖子"，所以即使根部很粗，也不要让它长到土壤上面。为了培育出上面所说的胡萝卜，此前人们也在品种改良上下了很多功夫。最近，专注于胡萝卜的吃法、味道及营养价值的品种改良取得了很大进步，如不经任何加工就可以直接榨成美味果汁的胡萝卜，胡萝卜素含量高、甘甜的胡萝卜等。胡萝卜是世界餐桌上必不可少的橙色健康蔬菜。它会一直用健康色彩来装饰我们的餐桌！

详解胡萝卜

胡萝卜根部的色素

胡萝卜根的颜色是由胡萝卜素（carotene）和番茄红素（lycopene）共同决定的。这两种色素都属于类胡萝卜素。五寸胡萝卜中含有大量的胡萝卜素，这些胡萝卜素不但分很多种，而且占比也不一样。一般来说，α-胡萝卜素占20%、β-胡萝卜素占50%、γ-胡萝卜素占0~10%、δ-胡萝卜素占0~20%、番茄红素占0~2%。金时胡萝卜和岛胡萝卜中充当主要成分的是番茄红素。在这些胡萝卜素中，维生素A吸收率最高的是β-胡萝卜素。胡萝卜素丰富的五寸胡萝卜的颜色趋近于橙色和橙红色之间，与此相对，番茄红素丰富的金时胡萝卜的颜色为鲜红色。α-胡萝卜素越多，颜色变得越鲜红。因此，胡萝卜在品种相同的情况下，颜色越深，说明胡萝卜素的含量越高。

胡萝卜中的胡萝卜素含量虽赶不上紫苏和黄麻，但就满足人体日常所需的量来说，胡萝卜绝对是首屈一指。

根部的色素在播种后2个月到4个月之间将大量被合成。如果能够满足以下条件（温度控制在16~20摄氏度，土壤质地松软且内部氧气充足，养分中磷酸含量多），那么生长出来的胡萝卜的颜色就会变得很鲜艳。

小朋友们可以隔一个月拔出一部分胡萝卜，观察其根部的生长情况、形态、颜色的变化。

胡萝卜与健康（胡萝卜素）

维生素A不但可以促进发育和生殖机能的良好发展，

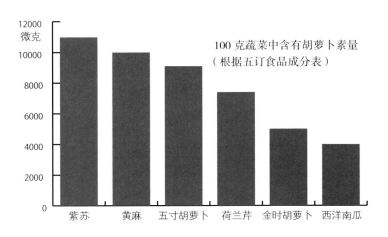

100克蔬菜中含有胡萝卜素量
（根据五订食品成分表）

使皮肤柔软细嫩，维持眼睛正常的生理机能，还能提高人体抗御疾病的免疫力。如果维生素A摄入量不足，人会患有夜盲症（"雀蒙眼"），其皮肤和呼吸道等粘膜将变得粗糙，抵抗病毒和细菌的免疫力下降，很容易得感冒。

研究发现，β-胡萝卜素有助于加强免疫机能，能够有效阻止活性氧对体内细胞膜和基因的破坏，预防各种癌症的发生。基于此研究，美国癌症协会将胡萝卜视为预防癌症的重要食品，列在食品中的首位。

人体内的活性氧是由疲劳和压力生成的，通常是引发癌症、心脏病、老化等疾病的元凶。β-胡萝卜素可以预防这些疾病的发生。

人体内的细胞伴随着新陈代谢，不断地老化，但β-胡萝卜素和维生素A可以延缓这一衰老过程。因此，有人称其是长生不老"药"。另外，它们还有类脂质抗酸化作用和防止动脉硬化的功效。

人们吃进去的胡萝卜经过体内吸收，在人体需要时，胡萝卜素会转化成维生素A，余下的胡萝卜素将被储存起来。正因如此，与其从动物食品中获取维生素A，不如直接从胡萝卜等绿黄色蔬菜中获取胡萝卜素。

另外，胡萝卜还有一定的药效，温暖全身的同时，对肩酸、风湿病、腰痛、贫血等症状有一定的疗效。

如上所述，我们可以了解到胡萝卜素能使皮肤柔软细嫩，预防老化，抑制癌症发生和癌细胞增殖等，具有神奇功效。有"胡萝卜素宝库"之称的胡萝卜有助于人体健康。

胡萝卜的色素与健康

金时胡萝卜中含有大量番茄红素，每100克中就10~15毫克。以前，人们认为番茄红素不具备胡萝卜素的神奇功效，但最近的研究发现番茄红素和β-胡萝卜素一样也可以减少容易引发癌症的活性氧，抑制引起动脉硬化和老化等症状的过氧化类脂体的生成。

金时胡萝卜中的胡萝卜素和番茄红素含量都高于南瓜。从有益身体健康角度来说，金时和五寸胡萝卜两者不分优劣。

橙色胡萝卜来自哪里?

据说胡萝卜根的颜色最初以花青苷的紫色为主,后来出现黄色,再到后来基因突变才出现了白色和橙色。

据说紫色和黄色的胡萝卜自 9~10 世纪开始传入伊朗、波斯地区,是土耳其安纳托利亚地区欧洲胡萝卜的祖先。10~11 世纪传到地中海地区,12~15 世纪又传到欧洲各个地区。传到中国大约是 13~14 世纪,是从阿富汗传入进来的。在那之后,最初是在 15 世纪的荷兰开始对胡萝卜的品种进行改良,到了 19 世纪,法国品种改良运动进一步活跃起来。

橙色胡萝卜在 16 世纪后期的荷兰开始培育,17 世纪开始在荷兰栽培,从而逐步走向世界。

如今,日本也在全国范围内栽培橙色的五寸胡萝卜。除此之外,金时胡萝卜主要分布在四国的香川县,岛胡萝卜在冲绳县。市场上还有比较少见的黄色短根胡萝卜的种子。在栽培橙色胡萝卜的过程中,偶尔会发现胡萝卜长出白色的根,这是由于在受粉过程中掺入了国外野生种的花粉或者是混入了野生种的种子。

传到日本

胡萝卜最初是在江户时代 16 世纪后半叶到 17 世纪初这段时间从中国传到日本的。所以,日本种植胡萝卜的历史大约有 400 年了。

当时主要是东洋胡萝卜,其根部的颜色有黄色、白色、接近红色的紫色。

日本书籍中最早提到胡萝卜的是林道春的《多识编》(1631 年),为了区别于已经传到日本的"朝鲜人参"(高丽参),最初把胡萝卜叫做"蒲芹人参"。

宫崎安贞的《农业全书》(1697 年)中提到,黄色品种要好于白色,因为胡萝卜味道鲜美,所以它是菜园中必不可少的蔬菜,要加大力度鼓励栽培。贝原益轩的《菜谱》(1714 年)中评价说胡萝卜是蔬菜中的第一美食。

正因如此,胡萝卜在短时间内普及到全国各地。以前在日本提起"人参"一词,人们都认为是"朝鲜人参(高丽参)",而现在日语中"人参"这个词已经完全是胡萝卜的意思了。

所以古代的谚语中出现的"人参"指的都是"朝鲜人参(高丽参)"。例如,"人参治大病,花钱如流水",是指用人参虽然可以治疗疑难病症,但是人参价钱太贵会导致债台高筑;"用人参水沐浴"是指喝掉的用人参泡的水都够洗澡的了,表示用尽所有好药全力以赴地治病。

胡萝卜的培育

播种:立秋时节播种(关东地区)。

发芽:播种后 7~10 天发芽。

间苗:播种后 35~40 天左右(真叶 4~5 枚时),除掉生病的、受到虫害的、生长过剩的、生长差的。将田地里长势中上等的根株留下来。

第一回培土:播种后 55~60 天,需要给根株培土。此时,根部开始变得丰满,地面会产生裂缝,根的上部分有探到土壤外的可能。根的上部(脖子)遇到阳光后,会合成叶绿素变成绿色。"青脖子"胡萝卜在市场上卖不出好价钱,当然,吃"青脖子"胡萝卜是不会产生任何副作用的。培土会使通道变得畅通,提高了田地排水能力。

收获:播种后 4 个月就可以采收。(农户的田地在 110 天时就可以采收,如果是土地不肥沃的学校田地,最好在 120 天以后采收。)

培土防寒:根的上部 5~10 厘米用土盖住。因为土壤具有保温作用,所以在来年的 3 月份之前都可以吃得到美味的胡萝卜。

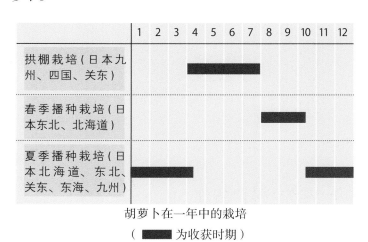

胡萝卜在一年中的栽培

(▬ 为收获时期)

胡萝卜为什么发芽易失败？

胡萝卜能够顺利发芽,就相当于栽培成功了一半。然而,发芽失败的情况也常有发生。发芽失败的原因之一是胡萝卜的发芽率低下。这主要是获取的种子中混入了未受精的种子（无胚种子）和未成熟的种子。另外,还有水分吸收能力太差的原因,还不到萝卜种子吸水能力的六分之一,所以会导致发芽失败。

播种季节不同,根的形状和病虫害的发生情况也不同

为了使夏天播种的胡萝卜顺利发芽,关东地区通常在出梅前的 7 月中下旬土壤水分充足的时候播撒种子。播种时间决定以后的生长温度,是栽培过程中重要的一环。

播种时间过早会引起根瘤杆菌和黑斑病等病虫害的增多,最终导致根的形状参差不齐。相反,过晚会导致根部不能充分地生长。只有选择适宜的时期播种,才能收获到形状均匀、新鲜、颜色红润的胡萝卜。

关东地区播种的最适时间在 7 月 25 日到 8 月 10 日左右。其他地区的最适时间通常是指平均气温达到 19~20 摄氏度之前的 2 个月。

种子的类别和播种方式

10 年前在市场上出售的种子都是除掉毛的裸种子,但如今农户们使用的种子大多是糖衣种子（弹丸种子）。糖衣种子是指在种子表面涂上杀菌剂和肥料,然后用黏土等物质包裹成药丸状。机械可以将准确数量的糖衣种子在固定位置上进行播种,目的是让少数种子发芽。另外,在间苗过程中,机械撒种可以减少三分之一体力劳动。最近流行无间苗栽培方式,就是在规定的株距间播撒一粒种子。还有一种方式是用绳子状的带子将裸种子按照一定间隔插入,然后放入土壤中。这种带子叫做种子带,可以在一定的间隔内播撒一定数量的种子。无论哪一种方式,在发芽时都要浇更多的水,所以最好在土深 5 毫米至 1 厘米处播种。

田地上要做好充分的准备

选择田地时,最好是土壤松软,且不容易受到根瘤杆菌侵害的地方。通常不栽培农作物的田地是不会有根瘤杆菌的。如果土壤过硬的话,在播种前一个月,要向土壤中放入麦秆等植物堆肥,耕地的深度也要达到 20 厘米以上。最后,放入镁石灰等使土壤的 pH 达到 5.5 以上。

播种的方式

种子发芽必须要有适度的水分、10 摄氏度以上的地温,当然 15~30 摄氏度是最理想的。

通常情况下,发芽失败的原因是土壤水分少。虽然浇灌足量的水可以解决,但是对于没有浇水设施的田地来说的确很难做到。

在这种情况下,我们就要想办法。例如,将种子撒在很深的地方。土壤一旦变得干燥,我们就在比以往深 1 厘米处撒种。然后,为了使水分能够自下而上流动,我们将种子用土盖上,并将土压实。选择在有朝露的清晨播种,而且最好尽可能多撒种。但是,大家在播种完成后,最好用喷壶浇充足的水。

播种后的生长

夏天播种后的 5~7 天开始发芽、7~10 天发芽完成。在 35 天左右,真叶会长出 3~4 枚,根的外表皮（初生皮层）开始脱落,根部开始变大,到 60 天左右时会急剧变大。须根（侧根）在收获期深度会到达 2 米,宽度 1 米。

日益进步的机械化体系

近年,胡萝卜的机械化生产快速发展。

播种、培土、病虫害预防、收割、分选都是机械完成的。以前完成每 10 亩作业需要 200 小时,现在用机械只需要 50 小时。因此,机械使得大面积栽培成为可能。

预防畸形和疾病

歧根 形成分根的原因有根瘤杆菌的侵害、过硬的土壤、根部直接接触肥料等。在播种时,播撒不好的种子也会导致分根。预防措施就是不要在根瘤杆菌侵害了的田地上栽培。在播种前的 7~10 天预先放入肥料,通过耕地使得肥料与土充分混合在一起。当然,也不要使用时间过长的种子等。

裂根 真叶长到 6 枚之前如果土壤干燥,或者是冬天栽培

地温很低的话，就容易产生裂根。临近收获期，雨水多也会导致根部急剧变大，造成裂根。因此，在真叶长到6枚之前，如果很长时间都不下雨，为了避免土壤干燥，我们需要适度地浇水。然后，为了使田地排水顺畅，耕地至少要达到20厘米深，在培育过程中，还要培土和建造垄间的排水管道。

"青脖子" 为防止"青脖子"胡萝卜产生，我们可以在间苗后给根部培土，然后在根部开始长大时，也就是播种后55~60天，再次给根部培土。

黑斑病 播种2个月后，肥料不足就容易导致黑斑病。因此，在第二次培土之前，要进行施肥，保证每平方米大约要有氮成分5克。仔细观察叶子的颜色，当叶子颜色变浅时，可以提前进行施肥。

腐烂病 收割完成后，剩余的胡萝卜须根中容易繁殖细菌，尤其是每年都在同一田地连续栽培胡萝卜的话，细菌会大量增加，很容易产生疾病。因此，为预防疾病的产生，最好是不要在同一田地上持续栽种。另外，因为这种细菌喜欢水分，所以最好利用堆成垄状等方法来进行田地的排水。

高效吸收胡萝卜素

胡萝卜素大多集中于根的外表皮部分，所以在吃胡萝卜时最好的处理方式是洗后带皮或者稍去皮。胡萝卜素溶于油后容易被人体吸收。生吃或者用水焯一下，人体只能吸收30%，然而经过油烹饪后，人体吸收量可以高达50%~70%。因此，将胡萝卜做成天妇罗是高效吸收胡萝卜素的最好方式。生吃胡萝卜时，可以蘸着含油量大的蛋黄酱和法式色拉调味剂吃，更有利于胡萝卜素的吸收。

如果以正确的方式吃胡萝卜，1天吃四分之一棵胡萝卜就可以满足人体维生素A的需求。

维生素C氧化酶

胡萝卜中含有的维生素C氧化酶会破坏维生素C。但是，这种酶不但类似于醋和柠檬汁的酸性物质，而且很怕热。红白萝卜泥是指在研磨白萝卜和胡萝卜后获得的混合物，在吃的过程中，最好先将研磨好的胡萝卜泥拌上醋，然后再和白萝卜泥混在一起。

胡萝卜叶的用处

胡萝卜叶中维生素C、蛋白质、钙的含量都高于胡萝卜根。间苗时的胡萝卜叶又嫩又柔软，用水焯后可以炒着吃。叶子中含有芳香油，在洗澡时放入浴盆中有保温的作用。

胡萝卜的茎在哪里？根须的数量

长出子叶时，可以在下胚轴（子叶下面的茎部分）处用油性万能笔做出标记，随着胡萝卜的生长，我们会看到它慢慢地向根部收缩（请参照28页）。最终，相当于胡萝卜茎的下胚轴将蜷缩在叶柄的根部与根部的交界处。因此，硬要说胡萝卜的茎在哪里的话，应该说它在这交界处。

胡萝卜的须根是面向四方生长的。正如28页图所示。在须根生长的地方，将其切断，看看它是如何生长出来的。

开花的条件是什么？

胡萝卜通常在前一年成活，越冬后第二年春天开始抽薹（花茎）、开花、结实。这样的植物叫做二年生植物。

为什么到了春天胡萝卜的根株会抽薹呢？胡萝卜的根株有固定的尺寸（金时胡萝卜真叶5枚、五寸胡萝卜真叶10枚左右），在低温以及夏日照射条件下（日照时间变长），根株过一定时间后会长出花芽，接着就会抽薹。一般来说，前一年秋天培育的根株在冬季低温作用下会长出花芽，随着第二年春天到来后的气温回升，根株会抽薹。

4~5月份播种，白天相对较长的6~7月份生长，长出花芽，夏天到秋天也可以抽薹。

生长过程与低温和夏日照射条件不相符时，无论抽薹与否最终都不能开花。

根据这一性质，我们可以人工使其开花。3月份至4月份播种，经过2~3个月的生长，取出根株，叶柄只留下5厘米，其余的切掉，将用来装锯末和稻壳等的纸袋放根株，然后用塑料袋包好放到2~5摄氏度的冰箱中贮藏8周的时间。9月份左右，移栽到田地里。冷藏过程中长出花芽的，到了秋天就可以使其开花。

后记

有句话说"吃多少蔬菜，就有多大寿命"，蔬菜是维持我们身体健康必不可少的重要物质。而健康蔬菜中排名第一的，那就是胡萝卜。

现在，胡萝卜总会以某种形式出现在每天的菜肴中。最近，出于身体健康的考虑，喝胡萝卜汁的人也越来越多。

如此平常的胡萝卜，在日本的历史也只有 400 年。但是，自从胡萝卜传到日本，很短的时间内便普及到全国，这是因为它的颜色和味道得到了当时人们的认可。

读了这本书以后，相信小朋友们对于胡萝卜的成长历程、性质、有效的培育方式以及它特有的强大力量、有益身体健康的正确饮食方法等，有了一定的了解吧？

胡萝卜几乎可以适应所有的土壤，甚至还可以在花盆和塑料瓶中种植。

虽然现在进口蔬菜在不断增加，但是对于蔬菜来讲，新鲜永远是第一位的，当然是最好能够吃到就近采摘的新鲜蔬菜啦。希望大家能亲自动手种植，品尝到新鲜蔬菜的真正的味道。

有的人喜欢胡萝卜，也有人讨厌它。不管怎样，读完这本书后，如果能够让你想多吃一点儿胡萝卜，或者是让你有了种胡萝卜的念头，我将感到无比高兴。也希望大家多多了解作为食材的胡萝卜，尝试做出更美味的胡萝卜菜肴，健康地度过每一天。

川城英夫

图书在版编目（CIP）数据

　　画说胡萝卜/（日）川城英夫编文；（日）石仓广之
绘画；中央编译翻译服务有限公司译. —— 北京：中国
农业出版社, 2017.9
　　（我的小小农场）
　　ISBN 978-7-109-22730-9

　　Ⅰ.①画… Ⅱ.①川…②石…③中… Ⅲ.①胡萝卜
– 少儿读物 Ⅳ.①S631.2–49

　　中国版本图书馆CIP数据核字(2017)第035518号

■ニンジン、レシピ提供
P10　　滝野川ニンジン　小寺義直（東京都清瀬市）
P10~11　ニンジンスティック・レモンニンジン・ニンジンスープ・ニンジンゼリー・
キャロットケーキ　千葉県習志野市農家生活改善研究会
　　　　ニンジンサラダ①　神奈川県足柄農業改良普及センター
　　　　ニンジンチップ　北海道富良野地区農業改良普及センター
■写真提供
P11　　ミニニンジン（ピッコロ）　タキイ種苗
■写真撮影
P10~11　五寸ニンジン・裸種子　小倉隆人（写真家）
　　　　金時ニンジン　赤松富仁（写真家）
　　　　滝野川ニンジン　倉持正実（写真家）
　　　　島ニンジン　嘉納辰彦（写真家）
P12　　ニンジンの発芽　小倉隆人（前掲）
■参考文献
「作型を生かすニンジンのつくり方」小川勉・川城英夫・加藤楠候・佐藤忠弘（農文協）
「健康食　にんじん　ごぼう」高橋由美子・山口文芳（農文協）

川城英夫

1954 年出生在千叶县。1977 年毕业于东京农业大学农学部。曾在千叶县农业试验场担任千叶县蔬菜领域农业专门技术员，现为千叶县农林水产部园艺农产课副主管。主要著书有《利用株型种植胡萝卜的方法》（合著 农文协）、《激增的进口蔬菜和产地重组战略》（编著 家之光协会）、《种植新蔬菜的现状》果蔬Ⅰ、果蔬Ⅱ、根茎菜、叶菜、软化和芽类蔬菜（编著 农文协）、《新编蔬菜园艺手册》（分担执笔 养贤堂）等。

石仓裕幸

1956 年出生于松江市。毕业于多摩美术大学绘画专业。插画家、平面设计师、庭院摄影师、古老园艺用品和喷壶收藏家。绘本有《花盆君的底部》（福音馆书店）等。著书有《园艺手贴》（讲谈社）、《园艺天国》（合著 新潮文库）等。

我的小小农场 ● 1

画说胡萝卜

编　　文：【日】川城英夫
绘　　画：【日】石仓裕幸

Sodatete Asobo Dai 9-shu 41 Ninjin no Ehon
Copyright© 2002 by H.Kawashiro,H.Ishikura,J.Kuriyama
Chinese translation rights in simplified characters arranged with Nosan Gyoson Bunka Kyokai, Tokyo through Japan UNI Agency, Inc., Tokyo
All right reserved.

本书中文版由川城英夫、石仓裕幸、栗山淳和日本社团法人农山渔村文化协会授权中国农业出版社独家出版发行。本书内容的任何部分，事先未经出版者书面许可，不得以任何方式或手段复制或刊载。
北京市版权局著作权合同登记号：图字 01-2016-5598 号

责任编辑：刘彦博
翻　　译：中央编译翻译服务有限公司
译　　审：张安明
设计制作：北京明德时代文化发展有限公司
出　　版：中国农业出版社
　　　　　（北京市朝阳区麦子店街18号楼 邮政编码：100125　美少分社电话：010-59194987）
发　　行：中国农业出版社
印　　刷：北京华联印刷有限公司
开　　本：889mm×1194mm　1/16
印　　张：2.75
字　　数：100千字
版　　次：2017年9月第1版　2017年9月北京第1次印刷
定　　价：35.80元